DES

ASPERGES D'ARGENTEUIL

ET DE LEUR ORIGINE

Par V.-F. LEBEUF

Il faut rendre à César ce qui appartient à César

35 CENTIMES

ARGENTEUIL

CHEZ M. BACON, LIBRAIRE

PARIS

CHAMEROT ET LAUWEREYNS, libraires, rue du Jardinet, 13
RORET, libraire, rue Hautefeuille, 12

1867

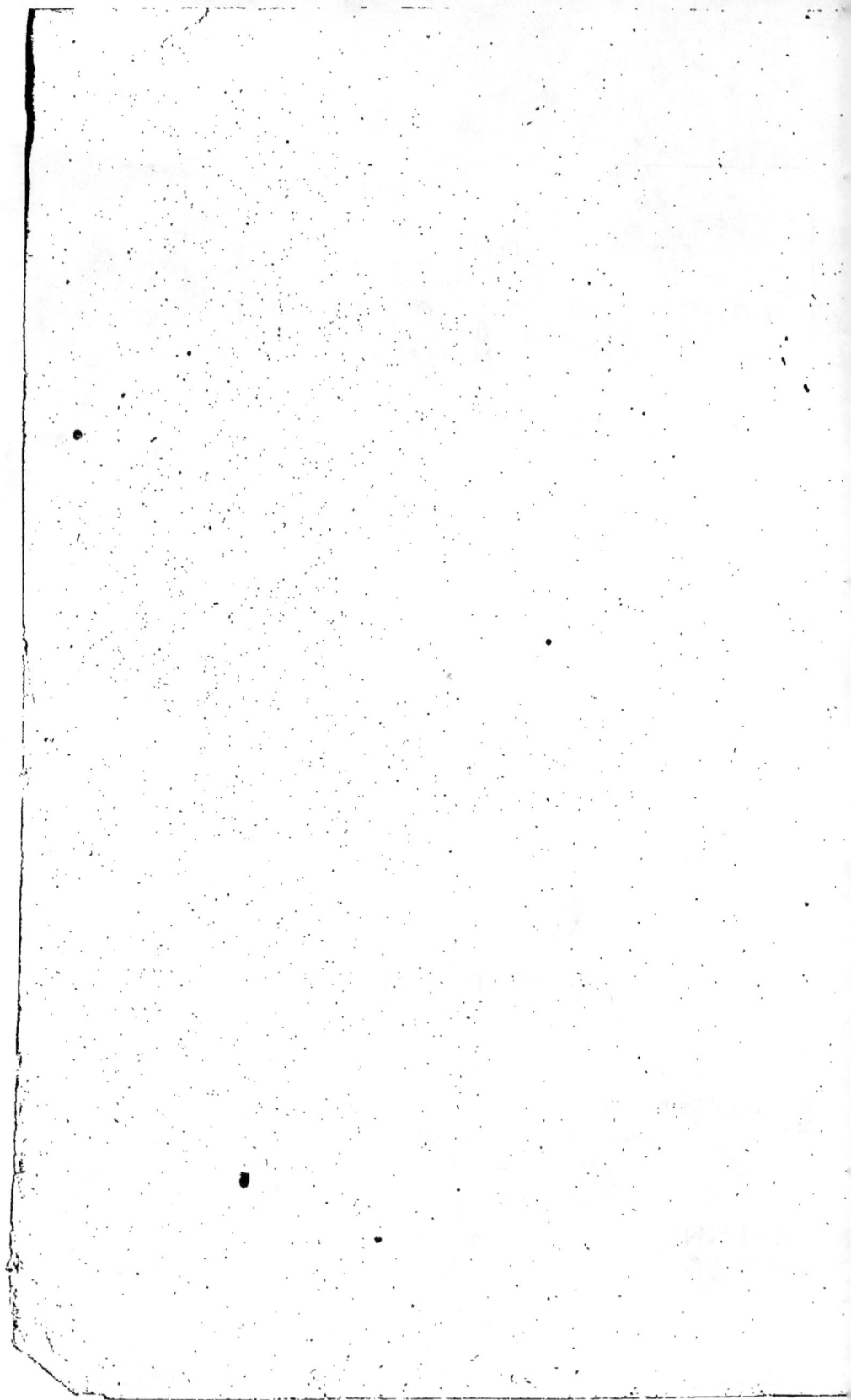

DES

ASPERGES D'ARGENTEUIL

ET DE LEUR ORIGINE

Par V.-F. LEBEUF

Il faut rendre à César ce qui appartient à César.

A ARGENTEUIL,

Chez M. BACOT, libraire

PARIS

CHAMEROT ET LAUWEREYNS, libraires, rue du Jardinet, 13.

RORET, libraire, rue Hautefeuille, 12.

—

1867

La culture de l'asperge, grâce à quelques hommes spéciaux, a pris une extension considérable à Argenteuil. Il est, ce nous semble, utile de signaler à la reconnaissance publique les cultivateurs patients, les observateurs sagaces, les praticiens modestes qui ont créé ces belles variétés qui font la fortune du pays et l'admiration de nos voisins.

Le nom des hommes utiles, des travailleurs, s'oublie vite, surtout à cette époque où l'on substitue souvent la ruse et l'audace à la science, où l'on s'approprie le travail des autres, afin de récolter sans avoir semé. Écrire un mot dans l'histoire, c'est soustraire leur nom à l'oubli, c'est en consacrer la mémoire. Nous avons essayé de le faire, ce qui nous a obligé d'entrer dans quelques détails que nous eussions désiré passer sous silence ; mais le besoin de séparer le bon grain d'avec l'ivraie nous a fait une nécessité de dire toute notre pensée.

V.-F. Lebeuf.

Argenteuil, le 1er juin 1867.

DES
ASPERGES D'ARGENTEUIL

Introduction de l'asperge à Argenteuil. — Variétés cultivées. — Mode de culture.

Il n'y a pas plus de cinquante-cinq ans que la culture de l'asperge a été introduite à Argenteuil, et ce n'est même que depuis trente à trente-cinq ans qu'elle a pris une certaine importance.

On fit les premières plantations avec du plant tiré d'Épinay où l'on cultivait, avec assez de succès, l'asperge de Hollande qui avait, alors, une réputation européenne justement méritée; car c'est encore, aujourd'hui, la meilleure après celle d'Argenteuil. Elle était robuste et de bonne qualité; ce qu'on pouvait lui reprocher c'était son peu de produit et son exigence au point de vue des engrais. Pendant soixante ans, elle fit la gloire et la richesse de ce village.

1.

Ce fut vers 1812 que les cultivateurs d'Argenteuil commencèrent à planter. A cette époque, les idées n'étaient guère tournées vers la culture; aussi c'est à peine si l'on pourrait citer quelques plantations faites en ce moment : aucune ne fut assez importante pour qu'on en conservât le souvenir jusqu'à ce jour.

Cette variété fut exclusivement cultivée jusqu'en 1818 ou 1820.

Le mode de culture suivi était celui-ci : on ouvrait des tranchées de quarante centimètres de profondeur sur soixante-quinze à quatre-vingts de largeur, et on plantait deux rangs de griffes à soixante ou soixante-cinq centimètres en tous sens; à côté on répétait la même opération, de telle sorte qu'il y avait un ados, puis deux rangs d'asperges, et ainsi de suite.

Les asperges étant peu espacées, on ne formait pas de buttes comme on le fait à Argenteuil; on buttait en plein, ou à peu près.

Ce mode de culture n'était pas universel, il y avait bien quelques variantes; mais c'était celui suivi par la généralité des cultivateurs.

Cette culture vicieuse ne pouvait être longtemps pratiquée par les cultivateurs d'Argenteuil; aussi bientôt il s'opéra une révolution complète. Au lieu de planter deux rangs de griffes par tranchée, on fit celle-ci plus étroite et on ne planta qu'un seul rang, et chaque rang eut son rayon et son ados; on espaça davantage, et on fit une butte sur chaque touffe, au lieu de remplir le rayon dans toute sa largeur. C'est de là seulement que date la véritable culture de l'asperge.

Quels sont les premiers cultivateurs d'asperges ? — Quels sont ceux qui, les premiers, ont perfectionné les procédés de culture?

S'il est impossible de citer le nom du cultivateur qui fit les premières plantations d'asperges à Argenteuil, il n'en est pas de même pour celui qui renversa les anciennes méthodes de culture et les perfectionna.

Le premier cultivateur qui fit une étude spéciale de l'asperge, fut M. Lescot père. Dès 1819 ou 1820, il fit des plantations assez importantes en pleine terre, seule méthode suivie à cette époque tant à Argenteuil qu'aux environs ; mais ce n'est qu'en 1822 ou 1823 qu'il commença à planter dans les vignes.

Tout le monde se souvient encore, aujourd'hui, de la plantation qu'il établit au *Moulin des Búchettes :* pendant vingt-cinq ans elle fit l'admiration de tous ceux qui la visitèrent. Cette pièce, plantée en 1823, ne cessa de donner des produits magnifiques et abondants jusqu'en 1854. Elle vécut trente ans.

Après M. Lescot père, M. Lescot fils s'occupa avec ardeur de la culture de l'asperge. Il fit des essais comparatifs qui le guidèrent dans les plantations qu'il fit plus tard avec tant de succès. Mais il ne réussit pas de prime-abord, comme nous allons le dire. Il eut à lutter contre la routine, les tracasseries de toute nature, contre les choses imprévues inhérentes aux innovations; mais c'était un homme d'un jugement sain et juste, qui appréciait les dires et les faits pour ce qu'ils valaient; aussi poursuivit-il son but sans s'arrêter.

A cette époque, comme aujourd'hui, il y avait des envieux, des critiques et des méchants; on chercha à lui nuire et à l'empêcher de poursuivre ses travaux.

On sait comment on dote les filles, à Argenteuil : le père abandonne des terres, mais il se réserve le droit de les reprendre, quand cela lui plaît; droit qui semble incontestable puisqu'il n'y a pas d'acte d'abandon. Or, quand on vit M. Lescot s'écarter du chemin tracé par la routine on conseilla à son beau-père de lui retirer les terres qu'il avait données à sa fille; mais celui-ci qui connaissait les ressources de son gendre, éloigna les médisants et ne suivit pas les mauvais conseils qui lui étaient donnés : il laissa Lescot agir en toute liberté.

Avant M. Lescot-Bast on plantait deux rangs par tranchée, ce fut lui qui introduisit la culture par rang isolé, et qui augmenta l'espacement. En un mot, ce fut le créateur de la culture suivie aujourd'hui. Il voulut s'assurer si l'ameublissement et la division du sol étaient favorables à l'asperge : à cet effet, il fit défoncer à soixante centimètres de profondeur, et épierrer, avec le plus grand soin, une pièce de terre, dont le sol était très-convenable à la culture de l'asperge, puis il la planta. Le succès ne répondit pas à son attente : cette plantation ne donna que des produits insignifiants. Nous citons ce fait pour deux raisons : la première pour démontrer que les hommes d'initiative ne sont pas à l'abri des déboires; la seconde pour une cause que nous aurons occasion de citer plus tard, et qui corrobore une idée que nous avons émise déjà, et sur laquelle nous reviendrons, à l'occasion.

Cet insuccès ne dérouta pas Lescot; ce fut, au contraire, un trait de lumière pour lui : il en conclut que le défoncement était contraire à l'asperge et qu'il lui fallait un sol ferme par-dessous et meuble par-dessus.

L'exemple donné par Lescot-Bast ne resta pas sans fruit; de nombreux cultivateurs, comprenant tout le parti qu'on pouvait retirer de cette culture, s'empressèrent de faire des plantations, soit en pleine terre, soit dans les vignes.

Parmi les cultivateurs qui se distinguèrent, par leur culture et par le soin qu'ils apportèrent dans leurs semis pour l'obtention de variétés nouvelles, nous devons citer M. Dingremont qui eut des succès remarquables et dignes de faire pâlir ceux qui prétendent, aujourd'hui, avoir fait mieux que leurs prédécesseurs, et qui osent jeter le défi à la face de ces hommes modestes qui travaillent en silence et étudient longuement les questions avant de les résoudre.

M. Dingremont obtint en 1855, à l'Exposition universelle, une médaille d'or pour la supériorité de ses asperges.

Depuis cette époque, M. Dingremont n'a cessé de travailler à maintenir son ancienne réputation, et tout récemment encore, il avait des produits extrêmement remarquables.

M. Lhérault (Antoine), dit Petit Lhérault, fut et est encore à cette heure, l'un des cultivateurs les plus distingués d'Argenteuil. C'est à lui qu'est dû le mode de récolter les asperges par *éclatement*, opération connue sous la dénomination de *décollage, décoller*.

D'autres cultivateurs s'occupèrent également avec succès de la culture et de l'amélioration de l'asperge; nous devons citer, en première ligne : MM. Defresne, Lhérault-Salbœuf, Coquelin, Louis Lacroix, Blondy, et d'autres dont les noms nous échappent.

Variétés nouvelles. — Leur origine.

Nous avons dit plus haut que la première variété qu
fut cultivée à Argenteuil, était l'asperge de Hollande

Ce fut M. Lescot père qui obtint le premier une asperge hâtive. Elle provenait d'un semis d'asperges de
Hollande fait vers 1818. Il ne s'agissait plus que de
la fixer, en rejetant tous les sujets qui avaient de la
tendance à l'atavisme (à retourner au type-mère).

M. Lescot-Bart fit des semis successifs des sujets qui
reproduisaient le plus franchement la variété obtenue
par son père.

Presque à la même époque, ou peu de temps après,
un homme d'intelligence, un autre chercheur, qui étu-
diait la même question. M. Dingremont, découvrit également une asperge hâtive d'un grand mérite qu'il exposa
plus tard sous le nom d'asperge *hâtive rose d'Argenteuil*.

Pendant plusieurs années, ces deux variétés, qui possédaient à peu de chose près les mêmes qualités, furent
exclusivement recherchées et plantées à Argenteuil : on ne
parlait, alors, que de l'asperge Lescot et de l'asperge
Dingremont.

Un peu plus tard, une autre variété fit son apparition ;
nous voulons parler de l'asperge tardive. Fixer cette
époque d'une manière exacte est assez difficile, comme
on le verra plus loin. Cette variété s'appela l'asperge
Lhérault-Salbœuf, du nom de son *importateur*. L'asperge
hâtive, se vendant comme primeur, eut un plus grand
succès, se répandit davantage, et l'asperge tardive resta,
en quelque sorte, confinée dans les cultures de M. Lhérault-Salbœuf.

A partir de ce moment la culture de l'asperge se développa rapidement, elle donnait des résultats magnifiques; tous les cultivateurs se mirent à l'œuvre, et chacun chercha à multiplier les types obtenus.

Au nombre des plus habiles, nous devons citer M. Defresne, dit Barbilon, qui créa une belle asperge : (nous possédons, aujourd'hui, cette variété et nous en sommes très-satisfait : c'est l'une des plus hâtives, des plus belles et des plus productives).

Citons encore, M. Lhérault (Antoine) dit le Petit Lhérault, cultivateur extrêmement capable qui a le défaut d'être trop modeste. Lui aussi a obtenu une variété; mais il ne l'a jamais dit, ni avoué à personne. Ce que l'on sait, c'est qu'il va à la Halle, deux, trois ou quatre fois avant *ceux qui prétendent posséder la seule variété hâtive*, et que ses produits sont de toute beauté. On a même remarqué, depuis longtemps, qu'il mettait en vue les moyennes et les petites asperges; mais qu'il cachait les grosses. Voilà bien le contraire de ce que font certaines gens.

Il paraîtrait que l'asperge de M. Lhérault (Antoine), aurait à peu de chose près la même origine que celle de M. Dingremont : l'une et l'autre proviendraient, dit-on, d'un semis de la même graine.

A cette époque, les cultivateurs travaillaient modestement et en silence et ne recherchaient pas, comme quelques-uns le font aujourd'hui le bruit et la réclame : ils jouissaient paisiblement du fruit de leurs découvertes. Ils se croyaient suffisamment récompensés quand ils étaient parvenus à obtenir ou à multiplier une belle variété.

Ainsi donc, l'asperge hâtive d'Argenteuil n'est pas une œuvre purement individuelle, mais une œuvre collective ; chacun des cultivateurs que nous avons cités ont apporté leur contingent d'idées et d'observations, et c'est donc à bon titre qu'ils sont honorés d'une véritable reconnaissance publique.

Mais cette réputation, si longuement acquise et si justement méritée, suscita un jour la convoitise d'un ambitieux qui se prit à rôder autour de cette ancienne renommée comme le loup rôde la nuit autour d'une bergerie, afin de trouver une issue pour y entrer : il voulait avoir sa part de gloire.

Que fit-il? Il se procura des griffes de toutes les variétés les plus estimées, il les planta, et, un beau jour, il les présenta comme les siennes en s'attribuant le mérite de leur découverte.

Pour cela il ne négligea rien : expositions, réclames écrites et vivantes, tout fut mis en œuvre pour faire croire qu'il avait obtenu l'asperge la plus hâtive, la plus grosse, la meilleure, etc., etc.

Après avoir écrit cela, l'avoir colporté partout, crié pardessus tous les toits, fait insérer dans les journaux; aidé par quelques compères, il finit par atteindre son but en partie. Encore un pas, et l'escamotage était consommé.

Si M. Louis Lhérault se fût borné à en imposer, purement et simplement, sur la prétendue variété qu'il dit avoir obtenue, on eût accueilli avec dédain cette imposture ; mais il change de tactique : il ne s'agit de rien moins que d'un blâme qu'il inflige aux produits des autres cultivateurs, et il assaisonne ce blâme d'une critique sur les procédés de culture. Lui seul sait cultiver l'asperge, lui seul possède l'asperge vraie hâtive. Voici l'article, signé Louis Lhérault, que nous trouvons dans la *Revue horticole* du 16 avril dernier, et qui consomme son œuvre. Nous copions textuellement, sans y rien changer.

LES ASPERGES D'ARGENTEUIL.

.... Dans ce premier article, je me propose de parler des diverses sortes d'asperges cultivées à Argenteuil, et plus spécialement de l'*Asperge hâtive l'Hérault*, que seul j'ai obtenue dans mes cultures. Je suis d'autant plus autorisé à traiter le sujet touchant l'historique de ces plantes, que j'ai beaucoup amélioré deux des variétés dont il va être question. Quant à la troisième, je l'ai moi-même obtenue.

« C'est vers 1846 que je commençai à m'occuper des différentes questions relatives à l'asperge. Déjà à cette époque, bien que les procédés de culture fussent *aussi défectueux que possible*, je remarquai des différences très-grandes dans le volume, la forme et la couleur des asperges que les cultivateurs d'Argenteuil et des environs apportaient aux halles de Paris.

« Pensant, puisque le mode de culture à l'air libre était exactement le même, que ces différences pouvaient seulement provenir de la diversité des variétés d'asperges cultivées, je réunis, pour faire mes expériences, toutes celles qui étaient alors cultivées à Argenteuil et dans les communes avoisinantes, en m'attachant de préférence à celles qui réunissaient le plus de qualités.

Parmi ces dernières, je citerai surtout celles de MM. Lescot, L. Coquelin, Lhérault-Salbœuf, Dingremont et Lhérault (Antoine), d'Argenteuil, Fleury et Dellion, d'Epinay, Dherret et Beaulieu, d'Ermont, Parmentier de Saint-Gratien, Jamot et Mauchain de Sannois.

« Les griffes que ces cultivateurs ont bien voulu me procurer ont été plantées en rangées distinctes, et dans

2

quatre sortes de terrains; toutes ont reçu les mêmes traitements.

« Voici quel a été, dès la première année, l'ordre d'apparition des turions :

« Les premiers se sont montrés sur les griffes données par MM. Dingremont et Lhérault (Antoine); les deuxièmes, sur celles de MM. Lescot et Coquelin ; puis, vinrent en troisième ligne celles de MM. Parmentier, Jamot, Mauchain, Delion, Fleury, Beaulieu, Dherret et Lhérault-Salbœuf.

« L'époque à laquelle les turions se développèrent a été identiquement la même dans les quatre sortes de terrains.

« La seconde année je constatai les mêmes différences dans l'époque d'apparition des turions.

« La troisième année (1848), qui était celle où ces plantes entraient dans leur première période de production réelle, je commençai à cueillir le 1er avril sur les pieds de MM. Dingremont et Lhérault (Antoine), quelques jours après sur ceux de MM. Lescot et Coquelin, et huit jours plus tard sur les pieds des autres donateurs.

« En moyenne, je coupai trois turions sur les griffes fournies par M. Dingremont, deux sur celles de MM. Lescot et Coquelin et une seulement sur toutes les autres.

« Les turions du premier étaient ronds, roses, de grosseur ordinaire et le sommet légèrement pointu; ceux de MM. Lescot et Coquelin étaient assez gros, rouge foncé, ronds, lisses et à extrémité arrondie; enfin ceux des autres cultivateurs offraient quelques différences peu appréciables, de sorte qu'on pouvait les considérer comme appartenant réellement à une même variété. Les plus grosses asperges étaient celles de MM. Dherret, Delion et Lhérault-Salbœuf ; leur couleur était rouge violet, leur forme irrégulière, à yeux proéminents, et la chair offrait une consistance assez ligneuse.

« Les caractères que je viens de rappeler se répétèrent les quatrième et cinquième années. Je puis donc en me résumant, les indiquer de la manière suivante : production bonne, précocité, végétation rapide, turions peu ligneux pour les plantes de MM. Dingremont et Lhérault (Antoine); production assez bonne, végétation assez belle, coloris remarquable ; pour celles de MM. Lescot et Coquelin ; enfin, productions ordinaires, végétation lente, turions très-gros, souvent difformes, tantôt grenus, tantôt arrondis, et parfois pointus, et de consistance ligneuse pour celles de MM. Dherret, Delion et Lhérault-Salbœuf.

« Après ces cinq années d'observations rigoureuses et attentives je reconnus, que dans ces différentes sortes d'asperges, il n'y aurait lieu de faire que trois variétés distinctes : *Hâtive, intermédiaire* et *tardive.*

« Désirant poursuivre mes expériences et m'assurer si, à l'aide de semis, je ne parviendrais pas à augmenter les diverses qualités de ces trois asperges; je recueillis des graines sur les touffes les plus remarquables à tous égards, appartenant à chacune d'elles et les semai. Un an après, je choisis les plus belles griffes et en plantai seize de chaque variété; ceci se passait en 1852.

Je n'ai pas besoin de dire que ces jeunes griffes ont été plantées dans le même sol et qu'elles ont reçu les mêmes soins.

« La première année, je constatai la persistance du caractère tiré de l'époque à laquelle apparaissaient les turions. Je fis les mêmes remarques les deuxième et troisième années.

« Dans celle-ci, je commençai à cueillir le 1er avril,

sur la variété hâtive, le 8 sur l'ordinaire et le 16 sur la
tardive. La quatrième année, les mêmes distances ont
existé dans l'ordre d'apparition des turions, avec cette
différence toutefois, que la cueillette fut retardée de
quelques jours à cause de la température extraordinai-
rement froide de l'hiver. Ainsi l'asperge hâtive n'a donné
que le 10 avril et la cueillette s'est prolongée jusqu'au
10 mai ; les seize touffes ont produit plus de cent turions
que je vendis seize francs ; je remarquai que ces turions
étaient non-seulement beaucoup plus gros que ceux de
la plante type : « certains d'entre eux mesuraient jusqu'à
treize centimètres de tour, » mais encore que leur forme
était plus élégante, l'extrémité bien arrondie et propor-
tionnée à la grosseur de l'asperge. Les tiges laissées
pour graines, au nombre de quatre à six sur chaque
touffe, étaient d'un vert violacé et atteignirent environ
trois mètres de hauteur.

« Cette même année la cueillette a été commencée
pour l'asperge intermédiaire le 18 avril et fut terminée
le 18 mai.

« Les seize pieds ont fourni soixante-six turions qui
ont été vendus 10 francs. Les plus volumineux ont atteint onze centimètres de circonférence ; leur forme
était régulière, le bouton bien arrondi et fortement co-
loré ; après la cueillette, les tiges porte-graines, au nombre de quatre sur chaque touffe se sont élevées à environ deux mètres cinquante. Leur teinte était d'un
violet cendré.

« Enfin dans cette même année, la récolte de l'asperge
tardive a commencé le 24 avril et s'est terminée le
24 mai. Les seize touffes ont produit quarante turions
qui ont été vendus 8 francs l'un. Une à trois tiges, laissées sur chaque touffe ont atteint un mètre soixante-

quinze centimètres de hauteur. Ces tiges étaient, parfois, tortueuses, se ramifiant presque à rez-terre, de couleur vert blafâtre et à ramification jaunâtre à leur extrémité.

« Les faits que je viens de rapporter se sont reproduits les cinquième et sixième années, avec cette différence, toutefois, que la production des turions n'a fait qu'accroître en nombre et en volume. Je remarquai, aussi, dès la sixième année, que les pieds mâles étaient généralement les plus productifs.

« Depuis cette époque, par une culture raisonnée dont je donnerai ici même les lois fondamentales, par des semis successifs et un choix rigoureux des individus porte-graines, je suis parvenu, non-seulement à conserver les caractères des variétés d'asperges dont je viens de rappeler les noms, mais encore à augmenter leurs qualités telles que production, grosseur, forme, saveur, etc.

« Je n'ai pas à insister sur les qualités variées de mes asperges hâtives et intermédiaires d'Argenteuil, ainsi que l'asperge tardive à laquelle comme on vient de le voir, j'ai apporté mon contingent d'améliorations.

« Ces qualités ont été reconnues et appréciées dans des recueils divers.

« Il résulte donc, de la note qui précède, que les variétés d'asperges cultivées à Argenteuil sont au nombre de trois :

« L'*Asperge tardive*. C'est à ce groupe qu'appartiennent les asperges généralement cultivées à Argenteuil.

« L'*Asperge intermédiaire* (Asperge de Hollande améliorée) ou *Asperge hâtive de Hollande*. C'est celle-ci qui est habituellement désignée sous le nom de *Asperge hâtive d'Argenteuil*.

2.

« Enfin, L'*Asperge hâtive vraie d'Argenteuil*, à laquelle, pour éviter une confusion qui s'est déjà produite et qui se produirait certainement, j'ai donné le nom d'asperge *Louis Lhérault*, parce que c'est celle dont je me suis occupé plus particulièrement et dans laquelle j'ai réalisé l'amélioration la plus sensible, j'ajoute quelle n'existe encore que dans mes cultures..

« LHÉRAULT (Louis).

HORTICULTEUR

14, rue de Calais, à Argenteuil (Seine-et-Oise).

Nous n'essayerons pas de répondre à toutes ces extravagances, à toutes ces impostures ; il nous faudrait écrire un volume tout entier, car chaque phrase, chaque mot exigerait un correctif, sinon une correction ; aussi nous bornerons-nous à relever les principales questions, sauf à revenir sur les autres en temps opportun.

Ainsi donc, d'après ce que dit M. Louis Lhérault :

1° Il s'occuperait « des différentes questions relatives à l'asperge dès 1846. »

2° A cette époque, « bien que les procédés de culture fussent aussi défectueux que possible, » il remarqua « des différences » que les anciens cultivateurs n'avaient pas remarquées.

3° Il planta des asperges de tous les cultivateurs dont il cite les noms, pour en faire des comparaisons.

4° Toutes les variétés les plus réputées jusqu'alors ne lui donnèrent que des résultats peu satisfaisants.

5° « Après cinq années d'observations rigoureuses et attentives, » il reconnut qu'il n'y avait lieu de *faire* que trois variétés distinctes : *hâtive, intermédiaire* et *tardive.*

6º Il fit des semis et obtint du premier coup ces trois variétés, dont l'une d'elles est si remarquable que 16 touffes ont produit 40 turions, qu'il a vendus 8 francs l'un, soit 320 francs les 40 turions, soit 20 francs la récolte d'une touffe.

7º Par une culture raisonnée, il a non-seulement continué d'obtenir ces résultats, mais il a encore augmenté les qualités de ces variétés.

8º Avant lui, « l'asperge cultivée à Argenteuil appartenait aux variétés *tardive et intermédiaire*, parce que la *hâtive vraie* qui lui appartient exclusivement, n'était pas encore obtenue; c'est pourquoi il l'a surnommée *Asperge hâtive Louis Lhérault*, « pour éviter toute confusion » avec les autres : parce « qu'elle n'existe que dans ses cultures. »

Arrêtons-nous ici.

Que pensez-vous de cela, cultivateurs d'Argenteuil ? Comment trouvez-vous la leçon de M. Louis Lhérault ? Êtes-vous assez dénigrés comme cela?

Vous aviez pensé avoir travaillé avec intelligence, vous croyiez avoir découvert l'asperge hâtive : erreur ! C'est M. Louis Lhérault qui a tout fait, tout découvert. Il vous le dit, il vous démontre que vous n'êtes que des ignorants !... Vous n'arrivez pas à la hauteur du premier bouton de son paletot! Inclinez-vous donc et saluez-le quand il passera.

Cultivateurs! c'est à vous de répondre à toutes ces jongleries. Mais, en attendant, nous demandons la permission à M. Louis Lhérault de lui faire quelques observations. Ce sera court!

M. Lhérault dit qu'il s'est occupé « des différentes

questions d'asperges » dès 1846. Il est âgé aujourd'hui de trente-trois ans et demi, si nous sommes bien renseigné ; il est donc né en 1833. Or, en 1846, il avait douze ans et demi !....... Nous aimons à croire qu'à cet âge, il cultivait beaucoup plus les tartines de fromage de Brie et de confitures que les asperges, et que s'il s'occupait de ces dernières c'était pour les manger.

Cependant il nous affirme que, alors et *déjà*, il remarqua que les procédés de culture étaient *aussi défectueux que possible*. Voilà une intelligence rare et précoce! Les vétérans de la culture ne sont que de la Saint-Jean à côté d'un enfant si éminent. Donc, cultivateurs d'Argenteuil, vous ne connaissiez rien à la culture de l'asperge, c'est M. Louis Lhérault qui vous le dit.

M. Louis Lhérault a planté des asperges de divers cultivateurs dont il cite les noms : MM. Lescot, Dingremont, etc. Pourrait-il nous dire comment il s'est procuré des griffes de M. Lescot, quand nous tenons de bonne source qu'il ne lui en a ni vendu ni donné?

M. Lhérault pourrait-il faire voir ces fameux turions qu'il vendait huit francs la pièce à l'âge de dix-sept ans, et qu'il a *améliorés*. Aujourd'hui, ils doivent bien valoir le double. Comment se fait-il que lui qui expose sept ou huit fois par an, n'en ait pas exposé quelques-uns?

M. Lhérault parle des progrès qu'il a réalisés dans la culture de l'asperge. Qu'il les cite donc? Est-ce lui qui a découvert l'art de *décoller* les turions, de planter un rang seulement par rayon? D'espacer les touffes à un mètre en tous sens? De ne pas défoncer? De faire les buttes? Quoi? Qu'a-t-il découvert? Qu'a-t-il perfectionné ou inventé? Qu'il le dise?

M. Lhérault est un semeur bien privilégié. Voyez, en

effet : les autres cultivateurs ont semé toute leur vie pour avoir une bonne variété, la fixer, l'améliorer, et lui, réussit *d'un seul coup*, et obtient non pas une variété non pas deux, mais TROIS !!!...

Une simple réflexion, en passant : s'il est si facile que cela de créer des variétés, il faut en conclure qu'il n'y a pas grand mérite à le faire. A quoi bon alors s'en enorgueillir?

M. Lhérault pourrait-il indiquer où et dans quel endroit il cultive cette belle asperge *tardive améliorée* par lui? Nous croyons très-fort que cette asperge, s'il en a une, ne soit autre que celle de M. Lhérault-Salbœuf..

Mais puisque nous venons de citer le nom de M. Lhérault-Salbœuf et parler de son asperge, voyons un peu ce que c'est que cette variété, et tâchons d'en découvrir l'origine.

M. Lhérault-Salbœuf a-t-il déclaré que cette variété eût été obtenue par lui? Nous l'ignorons ; mais comme il n'a pas déclaré non plus la source où il l'avait puisée, nous pouvons en parler tout à notre aise.

L'asperge tardive est cultivée par M. Lhérault-Salbœuf depuis une vingtaine d'années environ. Il paraîtrait qu'en 1845, il ne la possédait pas encore, puisqu'il ne l'a pas exposée à Versailles, comme on le verra plus loin. Pendant quelques années il l'a cultivée sans en parler, sans la faire connaître ; mais elle fut remarquée et connue. Enfin les expositions la mirent sous les yeux du public ; les médailles qu'elle obtint suscitèrent des jalousies de métier, et des discussions s'engagèrent devant la Société d'horticulture de Paris.

M. Lhérault-Salbœuf avait rencontré un compétiteur en M. Louis Lhérault. Ils bataillèrent à qui mieux mieux devant la Société d'horticulture qui leur a délivré, depuis une dizaine d'années, un nombre fabuleux de mentions honorables, de citations honorifiques, de médailles de bronze, d'argent, d'or et de vermeil. Mais,

Tant va la cruche à l'eau, qu'à la fin elle se casse.

Un jour la Société finit par voir passer le bout de l'oreille dans ces persistantes, innombrables et perpétuelles expositions. Aussi, qu'arriva-t-il ? Fatiguée de tant de persévérance, écrasée sous le poids des immenses bottes d'asperges qu'on lui apportait à toutes les séances, et encore et surtout des discussions interminables, des prétentions intolérantes et intolérables de ces deux champions qui se disputaient sans relâche, soit au sein de la Société dans ses réunions, soit au sein du Comité de culture potagère, elle voulut y mettre un terme. Pour cela, elle profita de l'occasion que lui fournit une protestation signée par plusieurs cultivateurs d'asperges, protestation faite contre les prétentions de M. Louis Lhérault.

En conséquence, dans la séance du 25 juin 1863, il fut adopté une décision, consignée dans le journal de la Société, numéro de juillet, pages 446 et 447, dont voici le texte :

« Il est donné lecture ou communication des documents suivants :

« 1° . . . .

« 2° . . . .

« 3° Protestation contre l'assertion par laquelle

M. Lhérault (Louis), d'Argenteuil, déclare avoir obtenu
l'asperge rose hâtive. Cette protestation est signée de
MM. Lhérault-Salbœuf fils, Dingremont, Antoine Lhérault, Tartarin, Louis Chevalier, A. Robichon, tous cultivateurs à Argenteuil.

« Sur la proposition qui en est faite par M. le secré-
taire-général, et qu'appuyent plusieurs membres, la
Société décide que toutes les pièces qui pourraient être
présentées à l'avenir relativement au débat soulevé depuis assez longtemps sur les variétés d'asperges de
MM. Lhérault, seront désormais passées sous silence,
cette question ayant pris un cachet uniquement per-
sonnel. »

« A ce propos, M. Andry rapporte que, d'après ce qu'a
dit M. Lecoq-Dumesnil dans le sein de la commission
de rédaction, M. Lecocq-Dumesnil père possédait dans
son jardin, à Gonesse, il y a au moins quarante ans,
une belle variété d'asperge, tirée de Hollande, dont il
donna des griffes à un sieur Lhérault, d'Argenteuil. Il
est *presque certain* que c'est là la source des asperges
dont il s'est agi si souvent depuis quelque temps, devant la Société ; seulement il a été impossible de re-
trouver à Argenteuil la trace du don de cette variété,
aucun des cultivateurs de cette plante n'ayant voulu
reconnaître que c'était à lui qu'elle avait été donnée. »

La conclusion de ceci est facile à tirer :

1° En ce qui concerne M. Louis Lhérault, il est évi-
dent qu'il n'a rien découvert, rien obtenu, rien créé ; le
témoignage des signataires de la protestation est une
preuve de plus à ajouter à celles que nous allons donner. Seulement nous sommes surpris que cent autres
cultivateurs ne se soient pas joints à ceux-ci. Probable-

ment qu'ils n'ont pas eu connaissance de cet acte viril et juste.

Quant à M. Lhérault-Salbœuf, on ne peut s'empêcher de croire que c'est bien lui qui a reçu les griffes d'asperges de M. Lecocq : car c'est lui qui le premier a cultivé la grosse asperge tardive ; or, la hollande étant une variété très-tardive, on ne saurait attribuer le don en question à ceux qui n'ont jamais possédé d'asperge tardive. Au moins si M. Lhérault-Salbœuf n'a pas le mérite de la découverte, il a celui d'avoir su conserver pure cette variété, tandis que M. Louis Lhérault n'en a aucun d'appréciable à nos yeux.

Récompenses accordées aux cultivateurs d'asperges.

Le plus grand mérite qu'une récompense puisse avoir, selon nous, c'est de donner une date fixe, irrécusable, au produit qui en fait l'objet : c'est un titre dont l'authenticité ne saurait être contestée.

Les premières médailles qui furent décernées aux cultivateurs d'asperges d'Argenteuil ne remontent qu'à vingt-deux ans.

Ce fut la Société d'horticulture de Seine-et-Oise, à Versailles, qui délivra, en 1845, les premières récompenses aux trois cultivateurs qui avaient présenté les plus beaux produits, savoir :

1° Médaille d'argent, à M. Lescot-Bast ;

2° Médaille de bronze, à M. Lhérault-Salbœuf;

3° Mention honorable, à M. Dherret, d'Ermont.

Trois points sont à noter :

Le premier, c'est que M. Lescot-Bast fut médaillé pour la beauté de ses asperges *hâtives* ;

Le second, c'est que M. Lhérault-Salbœuf avait exposé également des asperges *hâtives*, et non des *tardives*, et, de plus, que ces asperges provenaient d'une pièce plantée par M. Lescot, et achetée par M. Lhérault-Salbœuf.

Le troisième, que M. Louis Lhérault avait alors environ onze ans, ce qui n'empêchait pas à l'asperge *hâtive* d'être et de végéter sans sa permission.

Plusieurs autres médailles furent décernées plus tard à différents cultivateurs, toujours pour la variété hâtive ou son amélioration. Ainsi, en 1855, M. Dingremont obtint une médaille pour sa belle asperge *rose hâtive*. Ce n'est que depuis quelques années seulement que M. Louis Lhérault s'est avisé de faire la chasse aux médailles, concurremment avec M. Lhérault-Salbœuf.

Disons que si l'on doit être fier d'obtenir des récompenses, elles perdent singulièrement de leur valeur quand on fait en quelque sorte le métier de mendiant de médailles. M. Louis Lhérault, en exposant encore et toujours, ne fait pas, assurément, un acte de modestie et de désintéressement.

Les médailles obtenues par la spéculation ne sont pas des récompenses, ce sont des brevets de charlatanisme qui servent trop souvent à égarer l'opinion publique.

Que de cultivateurs à Argenteuil possèdent, depuis longtemps, des asperges, sinon supérieures, du moins égales à celles de M. Louis Lhérault, et qui n'ont jamais voulu exposer ! Ont-ils eu raison de rester à l'écart ? Évidemment, non ! Comme nous venons de le dire, il est bon d'avoir une médaille pour faire date et titre, et empêcher que les parasites, qu'on rencontre partout.

s'approprient votre découverte. Les cultivateurs ont donc eu tort de ne pas se produire ; leur hésitation et leur modestie n'ont servi qu'à fournir des armes pour contester leurs droits et les dépouiller de l'honneur qui leur revient.

Indépendamment de ce qu'il n'entre pas dans le goût de la plupart d'exposer leurs produits, beaucoup n'aiment pas à se déranger, et l'un d'eux, que nous n'avons pas besoin de citer pour qu'on le reconnaisse, disait : « Pour juger l'asperge d'Argenteuil, il faut aller sur le carreau de la Halle et voir l'ensemble des produits, et non une botte isolée ; car il s'agit de savoir dans quelles proportions sont les grosses, les moyennes et les petites. Est-ce que tout individu qui voudrait avoir une médaille ne l'aurait pas ? Pour cela, il suffit de trier une belle botte d'asperges, et, si on ne l'a pas, de l'acheter à ses voisins. J'en connais plus d'un qui a fait cela. On arrive même à avoir mieux que des médailles. On peut acheter une fois une botte d'asperges, une autre fois un chou, une carotte, un navet, une salade, des fruits, etc., etc. On pratique cela pendant cinq, dix ou quinze ans, et un jour on est décoré pour avoir exposé... les produits des autres ! »

Cela s'est vu, à en croire ce cultivateur. Discutez donc avec lui, et tâchez d'avoir raison : quant à nous, nous y renonçons.

M. Louis Lhérault a-t-il obtenu une variété d'asperges.

M. Louis Lhérault affirme non-seulement avoir obtenu une variété d'asperge hâtive, la *plus hâtive de toutes* ;

mais encore avoir *perfectionné* l'asperge *intermédiaire* et l'asperge *tardive*, comme nous l'avons vu dans son article de la *Revue horticole*.

M. Lhérault dit oui, les cultivateurs disent non! Qui a raison? La réponse est toute faite; mais examinons comme si nous ne savions rien du passé, pesons les choses comme si nous ignorions la partie la plus saillante des faits, et rendons-nous compte mathématiquement.

Nous avons dit qu'en 1846, M. Lhérault avait douze ans (en chiffre rond). Ses expériences, d'après ce qu'il dit lui-même, ont duré six ans. Faisons donc le compte.

Il résulte de renseignements que nous tenons de source certaine, que ce n'est qu'à vingt-quatre ans qu'il s'est occupé d'asperges; mais admettons que ce soit à vingt ans, époque à laquelle commence l'âge de raison, et où quelques hommes privilégiés débutent dans la vie active et sérieuse, ce qui est fort rare; inscrivons donc. . . . . 20 ans.

Pour qu'une expérience soit sérieuse, il faut que les asperges étudiées aient parcouru toutes les phases de leur existence, soit, au minimum, seize ans; mais admettons que, pressé de réaliser ses vues, il ait pris des graines sur des touffes âgées de douze ans, soit. . . . . 12 ans.

Pour être fixé sur la valeur des variétés semées, il faut attendre, en comptant l'année de semis, encore au moins. . . . . 12 ans.

Puis, pour s'assurer si la variété obtenue conserve bien les qualités du type et a perdu sans retour ses dispositions d'atavisme, encore . . . . 12 ans.

Soit ensemble. . . . . 56 ans.

Il s'ensuivrait donc, en admettant qu'il eût réussi de prime-abord, et alors même qu'il n'eût pas perdu une année, une minute, et réussi en tout et pour tout, que M. Lhérault devrait avoir aujourd'hui 56 ans. S'il a moins, c'est que ses expériences n'ont pas été faites sérieusement, qu'il en impose à ses lecteurs, qu'il n'y a pas lieu de compter sur ce qu'il dit, et qu'il écrit l'histoire par anticipation.

Mais admettons, pour un moment, que M. Louis Lhérault ait 56 ans et mettons-le en demeure de nous soumettre son asperge et de nous démontrer en quoi elle diffère des anciennes.

Est-elle plus hâtive ?
Est-elle plus grosse ?
Est-elle meilleure ?
Est-elle plus productive ?
Vit-elle plus longtemps ?

Elle n'est pas plus hâtive, puisque plusieurs cultivateurs vont à la Halle avant lui. Nous citerons même M. Lhérault (Antoine), qui le devance tous les ans de cinq jours, au moins, et il n'est pas le seul.

Elle n'est pas plus grosse, puisque chaque jour on en trouve de plus belles que la sienne, chez des cultivateurs qui soignent leurs cultures. Elle n'est pas plus grosse puisqu'il a avoué lui-même qu'il n'a obtenu qu'une *seule fois* un turion de treize centimètres, et qu'il a perdu un pari pour s'être refusé à croire que M. Fleury en eût récolté un de dix-sept centimètres et que la même touffe en portât encore un de seize.

Elle n'est pas meilleure, malgré son affirmation, disons mieux, elle est bien inférieure à l'asperge tardive. C'est du reste, un défaut qu'elle a de commun avec tous les fruits et légumes hâtifs. Il n'y a de bon que ce qui est tardif : ceci est indiscutable, c'est un point résolu, il y a longtemps, par la science et par la pratique. M. Louis Lhérault ne nous semble pas plus fort en dégustation qu'en autre chose.

Elle n'est pas plus productive. On connaît l'importance de ses récoltes. Du reste, n'ayant que 34 ans et non 56, il lui est impossible, en ce moment, de se prononcer avant le terme de l'existence des asperges provenant de ses semis.

Elle pourrait vivre plus ou moins longtemps, qu'il lui serait impossible de le savoir, puisque, datant de quelques années seulement elle n'est encore que dans la force de l'âge.

Que M. Louis Lhérault dise, dans la *Revue horticole*, que l'asperge *Louis Lhérault*, diffère de formes, de couleur, etc., d'avec celles de MM. Dingremont, Lescot, et autres, rien de mieux : il y a des lecteurs pour tout croire; mais qu'il dise cela au dernier des cultivateurs et celui-ci lui répondra qu'une touffe d'asperges peut donner alternativement et même simultanément, des turions ronds, ovales ou mi-plats, rouges ou violets plus ou moins foncé, selon la saison, la température et la culture, etc.

Voulant nous assurer de la valeur des assertions de M. Louis Lhérault, nous avons fait venir de chez lui, par l'intermédiaire d'un ami, cent griffes de son asperge. Vingt-sept seulement ont été plantées, le surplus étant impropre à l'être. Aujourd'hui, cette plantation prend sa troisième année, et elle est de la plus triste apparence, tandis qu'à côté, celles provenant soit de nos semis, soit de divers cultivateurs d'Argenteuil, sont de de toute beauté. Voilà le résultat !

Il est donc clair comme le jour que M. Louis Lhérault

3.

n'a rien obtenu, rien! L'asperge *hâtive Louis Lhérault*, est une mystification. Quant au prétendu perfectionnement de l'asperge *intermédiaire* et de l'asperge *tardive*, nous n'en parlons pas, c'est trop drôle pour qu'on y touche.

Multiplication de l'asperge d'Argenteuil. — Son exportation. — Craintes des cultivateurs.

Les succès obtenus par MM. Lescot, Defresne, Dingremont et autres, se répandirent peu à peu et quand les asperges de ces cultivateurs arrivèrent sur le carreau de la Halle de Paris elles y causèrent une certaine sensation, car, en peu de temps, elles détrônèrent celles d'Epinay, malgré plus d'un demi-siècle de vieille et bonne renommée; aussi bientôt on ne parla plus que des asperges d'Argenteuil.

Les cultivateurs qui ne possédaient pas ces variétés firent tous leurs efforts pour se les procurer; aussi, 15 ans après, on ne cultivait plus que l'asperge Lescot, Dingremont ou Defresne.

Les bruits de la Halle se répandirent et circulèrent partout. Les amateurs et les spéculateurs voulurent se procurer ces variétés à tout prix. Pour cela, ils s'adressèrent d'abord aux marchands grainiers de Paris, puis, plus tard aux cultivateurs. C'est de là que commença l'exportation de l'asperge d'Argenteuil.

Ce qui la répandit le plus et le plus rapidement, ce sont les discussions qui eurent lieu à la Société d'horticulture de Paris, et les nombreuses médailles obtenues par MM. Lhérault-Salbœuf et Louis Lhérault. Les trois ou quatre mille membres de cette Société voulurent se procurer ces asperges dont ils avaient si souvent entendu faire un éloge pompeux, et la plupart d'entre eux en plantèrent.

A partir de ce moment, l'élan était donné et il ne s'arrêta pas : il ne fit qu'augmenter.

Grâce à tout le fracas que firent MM. Lhérault-Salbœuf et Louis Lhérault, il n'y a plus en France, à cette heure, un seul village un peu important, où l'asperge d'Argenteuil soit inconnue.

En voyant transporter au loin les variétés d'asperges cultivées à Argenteuil, les cultivateurs s'émurent et se prirent à dire : « Quand notre asperge sera connue partout, la concurrence viendra et nous ne vendrons plus nos produits qu'à vil prix. »

C'est là une grosse erreur, comme on va le voir.

Sur mille personnes qui plantent des asperges, il n'y en a pas plus d'une qui le fasse dans le but de produire pour la vente. Les neuf cent-quatre-vingt-dix-neuf autres ne plantent qu'en vue d'alimenter leur table.

Plus la production augmente, plus la consommation est grande. En effet, quand une substance abonde, les débouchés s'ouvrent de toutes parts et elle est aussi vivement absorbée que quand elle était moins abondante. Il y a un demi-siècle seulement, il y avait vingt fois moins de poisson qu'aujourd'hui, à la Halle, et cependant tout se vend. Il y a dix ans à peine les Picards disaient : « Nous préférons un poireau à une asperge. » Aujourd'hui, leurs enfants disent : « Nous aimons mieux une asperge que dix poireaux. » Les goûts sont bien changés. Produisons donc, rien ne restera sur le carreau et les prix continueront même de s'élever plutôt que de s'abaisser.

Il ne s'agit pas d'avoir une bonne variété, il faut en connaître la culture, les moyens de la reproduire, de la conserver pure et de la multiplier. Or, tout le monde sait que le mode de culture est vicieux par toute la France, à l'exception des environs de Marseille où l'on suit à peu près la culture d'Epinay. On sait aussi combien il faut de temps pour vaincre la routine. Quand on connaîtra exactement la culture d'Argenteuil, il y aura bien un siècle qu'on n'y cultivera plus l'asperge.

Le cultivateur d'Argenteuil peut vendre ses asperges lui-même, le lendemain de la récolte, à la Halle de Paris. Le cultivateur qui est à 40, 60 ou 80 lieues et plus de Paris, a des frais de transport et d'emballage considérables à supporter et des risques à courir. Puis, ne pouvant vendre lui-même directement sa marchandise, il est obligé de recourir à un intermédiaire qu'il faut payer. Enfin, la marchandise arrive défraîchie, elle a perdu du coup d'œil et une partie de ses qualités : elle ne ne peut plus être comparée à ces séduisantes asperges d'Argenteuil, si blanches, si belles, si fraîches, si coquettes, si appétissantes.

Pour affronter la vente à la Halle de Paris, quand on en est éloigné, comme nous venons de le dire, ce n'est ni aussi simple, ni aussi facile qu'on le suppose, si on n'opère pas sur une grande échelle; tandis qu'un cultivateur d'Argenteuil peut aller vendre lui-même quelques boîtes seulement.

En général, il y a toujours avantage à vendre sur place : en voici un exemple sur mille qu'on pourrait citer.

M. Rogier, de Redessan (Gard), nous disait, l'an dernier, qu'il expédiait du très-bon chasselas, à Paris, et qu'il n'obtenait que 12 francs net des 50 kil.; tandis qu'il le vendait sur place, net de tout frais 15 et 17 fr. 50, à Marseille.

Dans la Côte-d'Or, de mauvaises asperges, vertes, dures, coriaces, contenant cinq fois moins de parties comestibles que celles d'Argenteuil, se vendent sur le pied de 1 fr. 50 à 2 fr. 25, suivant qualité, la botte de 600 à 700 grammes. A Argenteuil, la botte de deux à trois kilos ne se vend pas au-delà de 4 à 5 francs. La différence est grande, surtout si l'on tient compte de la qualité.

Peu de sols sont aussi convenables à la culture de l'asperge que celui d'Argenteuil.

Peu de localités ont la faculté de se procurer des engrais aussi facilement. Ils manquent même presque partout.

Quelle que soit la quantité de griffes que l'on expédie au dehors, le cultivateur d'Argenteuil n'a rien à redouter de la concurrence; parce qu'il est placé dans une position exceptionnelle. Ce qu'il doit craindre c'est que son terrain devienne un jour impropre à la culture de l'asperge et c'est ce qui arrivera si on le replante trop tôt. Il faut, selon toutes probabilités et en prenant pour base des analogies qui nous sont connues, 40 ou 50 ans entre l'arrachage d'une vieille aspergerie et l'établissement de la nouvelle. Cela peut paraître un peu long; mais nous sommes assuré que ce délai n'est pas exagéré, ceux qui vivront verront.

Que le cultivateur dorme donc bien tranquille; s'il travaille avec la même intelligence que par le passé, il retirera toujours le même fruit de son travail. Personne ne pourra mieux faire que lui.

CONCLUSIONS

—

En résumé :

1º La culture de l'asperge a été introduite à Argenteuil, vers 1810 ou 1812 ;

2º La première variété cultivée fut l'asperge de Hollande, tirée d'Épinay ;

3º C'est de 1818 à 1820 que M. Lescot obtint l'asperge *rose hâtive* ;

4º C'est en 1823 que M. Lescot introduisit la culture de l'asperge dans les vignes ;

5º En 1845, M. Lescot-Bast, reçut la première médaille qui fut décernée à l'asperge *hâtive* ;

6º MM. Dingremont, Defresne et autres ont également obtenu des variétés hâtives très-remarquables.

7º C'est M. Lhérault (Antoine), dit petit Lhérault qui, le premier, imagina de récolter l'asperge par *éclatement*.

8º M. Lescot-Bast fut l'introducteur de la culture par rang isolé ;

9º M. Lhérault-Salbœuf cultiva le premier l'asperge tardive ;

10º M. Louis Lhérault n'a pu obtenir aucune variété d'asperge, jusqu'à ce jour, en raison de sa jeunesse, celles qu'il cultive proviennent ou de M. Lhérault (Antoine) ou de M. Dingremont, si ce n'est d'autres ;

11º Il n'a apporté aucun perfectionnement à l'asperge intermédiaire ni à l'asperge tardive ;

12º C'est à tort qu'il dit que les cultivateurs d'Argenteuil ignorent ce qu'ils pratiquent et que c'est lui qui leur a enseigné l'art de bien cultiver; car ce qu'il sait, il le tient d'eux et particulièrement de M. Lhérault (Antoine) qui l'a dirigé dans ses plantations, lui a fourni du plant et donné les premiers principes de culture;

13° M. Louis Lhérault ne possède aucune connaissance en physiologie même spéciale à l'asperge; car il n'en parle que comme un ignorant imbu des habitudes de la routine et en dépit de la science pratique, de la logique et du bon sens qui ont fait la force des cultivateurs qui l'ont précédé;

14° Les articles publiés par M. Louis Lhéraut diffèrent entre eux; les dates et les faits se contredisent. Ses assertions sont contradictoires. Il essaie de faire croire aux autres ce qu'il ne croit pas lui-même. Si, toutefois, il a rencontré quelques personnes qui ont cru qu'il connaît la culture de l'asperge mieux que les cultivateurs, c'est que : *Au pays des aveugles les borgnes sont rois.*

M. Louis Lhérault a une monomanie, c'est de vouloir être ce qu'il n'est pas, de savoir ce qu'il ne sait pas et de l'enseigner aux autres (*) ;

15° Enfin, les cultivateurs d'Argenteuil n'ont rien à redouter de la concurrence du dehors, parce qu'ils jouissent d'une position tout à fait exceptionnelle. Aussi longtemps qu'ils le voudront, ils auront les premières asperges du monde.

(*) Ainsi qu'on l'a vu tout récemment encore, à propos de la culture du figuier. A l'en croire, il a donné des leçons aux professeurs de Paris. Il serait bon que ces Messieurs sussent que les figuiers que leur a fait voir M. Louis Lhérault n'ont été ni plantés, ni dirigés par lui, et qu'ils ne lui appartiennent que depuis deux ans. Si ces Messieurs ont été satisfaits, comme le dit M. Louis Lhérault, ils ne sont pas difficiles.

Clichy. — Imprimerie de Maurice Loignon, 12, rue du Bac-d'Asnières.

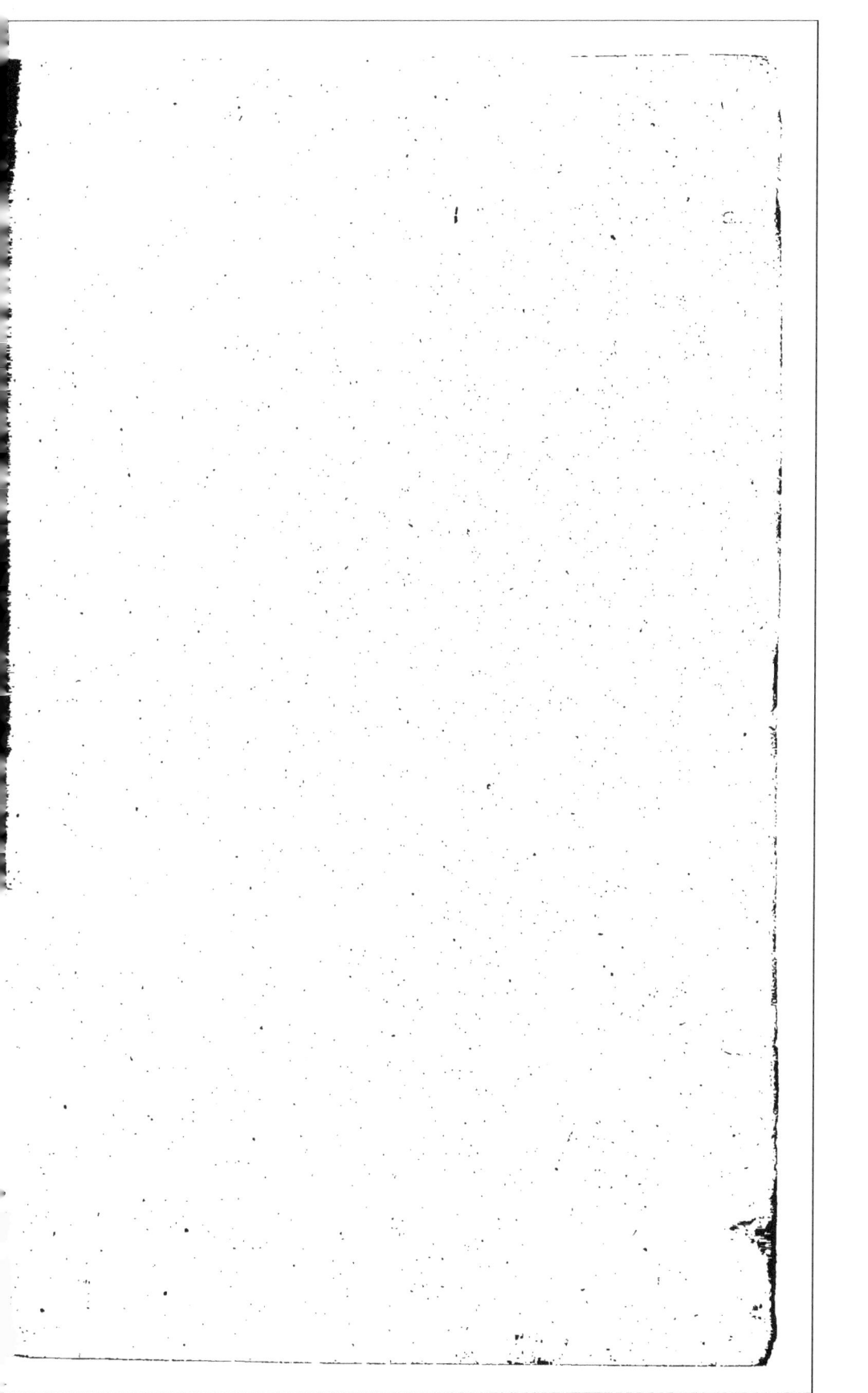

CLICHY. — IMPRIMERIE MAURICE LOIGNON ET Cⁱᵉ,
rue du Bac-d'Asnières, 12.